U0845336

松浦弥太郎 作品

写给想哭的你

〔日〕松浦弥太郎 著

徐萌 译

中国出版集团 现代出版社

前言

随着年岁的增长，我们逐渐拥有了各种能力。

面对大部分事情，也都有着自己妥善应对的技巧。

可是，为什么呢？年纪越大，不安感却越发地靠近自己。我们可以清晰地感受到不安越发强烈，已经无法对其视而不见。甚至就快被这种愈演愈烈的感觉所吞噬。

一旦陷入这种情绪之中，无论你有多么疲惫都难以入眠。

难眠的夜晚，躺在床上，万般琐事皆逼近眼前。

对未来的不安；自己的弱点；一日中的芥蒂。

这时，蒙蔽自己已是徒劳，你不得不振作起来面对这一切。

于是，泪水涌入眼眶，泫然欲泣。

随着年岁增长，不眠之夜、想哭的夜晚越来越多，这是我的感受。

在不眠之夜、想哭的夜里，我一人饱受焦虑之苦，偶然写起“信”来。

这“信”我并没有计划好要拿给谁看，只是通过书写一点一滴地稀释了一个人难以承受的不安和寂寞。

后来，我开始在夜晚指定时间段内向“生活之基本”网站投稿。于是这“信”就成为了夜晚8点开始，至清晨5点结束的栏目。

在网络这种媒介中，可以二十四小时与对方沟通交流。

“现在这一瞬间，你一定在阅读我写的信。”——即使还没得到你的回应，我可以这样宽慰自己。获取的很多评论，成了我心灵的支柱。我希望自己能用心地回复这些评论。怀揣着这样的念头，我把原本只能在夜晚8点至清晨5点才能看到的文章整理成了一本书。

书中收录了我写的“信”，还将读过大家的评论后有所感触写成的随笔收录进附加的“小小感悟”里。

如果在难眠的夜晚，您会把这本书放于枕边，于我将是无比快乐的事。

敬启。

松浦弥太郎

目录

II

I

1 没问题，一定会顺利

每天早上，一到快要上班的时间，我的心中就充满焦虑。

原因不明。细细想来，因为这件或是那件事都有可能，但又好像并不仅仅是为了这一两件事。

可是，公司还是一定要去的，不能请假。为了生活，也是为了生存。

我每天早上的办法就是，一遍遍地、反反复复地告诉自己：

我一定能做到。无论发生什么都会顺顺利利。无须担心，没问题。

没错，就是要给自己百分百的信任，完完全全、彻彻底底地相信自己。

祈祷宇宙会与自己为伴。

用鼻子深吸一口气，然后缓缓地从嘴中呼出来。以此来清除体内焦虑不安的根源。

如此跨过了岁岁年年。

失败什么的没关系。没问题，一定会顺利。我能行。

仿佛“一根筋”似的自言自语。

明明想一股脑地什么都说出来，却要咬住嘴唇，自言自语道：

我能行。

一切游刃有余。

小小感悟 1

○ 纷争之际，暂且克制情绪

人生中难免会遇到棘手之事，麻烦、误解都时有发生。虽然常见，但平心静气地面对又谈何容易，实乃难事一桩。若是眼下的你正处于纷扰之中，请先克制自己的情绪。与其肆意发泄情绪，不如制定出如何应对的策略。如果你在今晚就已预感明天将会是难挨的一天，甚至无暇顾及情绪的摆布，那么请比往常更细致地洗个脸，然后进入梦乡吧。

○ 一切存在皆我所需，学着去接纳吧

无论在工作中还是生活中，难免会出现感情用事、勃然大怒，或是对他人产生憎恶之心的时候。这种情况下，我们往往会让自己扮演受害者的角色，然而这样做我们是无法变得强大的。试着在镜子前看着自己碎碎念“一切存在皆我所需”吧。

○ 每日的生活、工作、人生，都是一种学习

回首来时路，人能随心所欲的时候甚少。或许甚至没有任何一件事是随心所欲而为的。为了能够“练习”如何接纳种种不如意，并能积极地应对，于是我们拥有了生活、工作和人生。

○ 学习之前，莫忘感谢

时光流逝，当转身回顾时终将明白：这一切果真都是一种学习。奇妙的是，此时会有感激之情涌上心头。

2 我的护身符

有一张纸，我会折叠好夹进书本中随身携带。

这是我写给自己的护身符。

纸上写的都是些自己脑海中想拥有的东西、想成为的目标、想守护的人和想学习的事。其中可能有些想法不切实际或是近乎理想主义。

并不是说我能把纸上的事都一一实现。

甚至基本上都实现不了。这也许有些不知所云。

这张纸是专属于我的护身符，所以时不时地会拿出来重新审视一下，随心所欲地或修改或补足。

若问纸上到底写了些什么。

今天我就抄写在这里给大家看。

看似都是些理所当然的事。

但是，带着这一纸护身符我就觉得心安。

护身符

◎ 正直为人

◎ 诚恳待人

◎ 无限坦诚

◎ 在如何享受工作上下功夫

◎ 遇到困难或是不如己愿的事不要逃避

◎ 谨记，未来即将遇到的都是些有血有肉的凡人

◎ 不急躁、不奢求、不嗔怒

◎ 穿戴整洁、彬彬有礼

◎ 时刻莫忘面带笑容

◎ 不结伙

◎ 致谢与问候要勤动笔

◎ 保持安静

◎ 细致观察

◎ 动脑之余更要动“心”

◎ 发挥想象力

◎ 增加“吸金”体质

◎ 望远镜和放大镜兼备

◎ 择美味而食之

◎ 常观美好之物

◎ 用心体察与发现

◎ 培养、守护、坚持

◎ 不毁、不破、不弃

◎ 具备发现亮点的能力

◎ 保持健康，早睡早起

◎ 不羞怯

◎ 尽力而为

◎ 首先要自己思考

◎ 不骄、不争，把自己放在最后

◎ 做事认真，拼尽全力

◎ 好好享受闲暇时光

◎ 相信自己

◎ 失败是有勇气的证明

◎ 助人、爱人

◎ 对一切事物和人心怀善意

◎ 感恩一切

小小感悟 2

○ 迷茫时请与词语交个朋友

当心中摇摆不定的时候，再怎么绞尽脑汁思考，大脑中依然乱成一团。为了能理清头绪，请与词语交个朋友吧。把重要的事写下来，做一个专属于自己的备忘录。

○ 不要逃避应该面对的事

如果你实现了自己的目标，这有赖于你能正确地面对身边发生的各种事。“现在的自己”的境遇，取决于一直以来能否坦率地直面过去发生的事。你会在面对的过程中选择逃避吗？能否直面任何事，并有所收获——这将成为决定今后的自己如何生存的分水岭。

○ 赠送一张记载着自己感受的纸

那些曾经厌恶的事、历经的困难和种种体验，这一切都是珍宝，但不知不觉间会随着时光的流逝而消失殆尽。如果你获得了某些“一定能派得上用场”的宝贵智慧，请将其记录在纸上。在与他人谈话过程中，当意识到“啊，对这个人应该也会有用”的时候，就把写下来的内容交给对方吧。也许这个人会在反复阅读后，领悟到自己该学些什么会对今后大有裨益。

3 优雅的站姿

在我二十岁出头还是个毛头小伙的时候，有幸认识了青山的“BAR RADIO”的尾崎浩司先生。

当时的我迷恋美式文化，不懂礼数，明明什么都不会却狂妄自大。

“BAR RADIO”因座上客都是各界的权威人士而闻名。我让一位熟悉的前辈带着我来到了这里。

还没来得及听一听别人在说些什么，前辈就让我看老板尾崎先生工作时的样子，他是想告诉我什么呢？

“尾崎是千利休（日本茶圣）呢。”前辈这样说道。

“今后还请你多关照他。”他把我介绍给尾崎先生。

尾崎先生温和地笑着说了句“知道了”。

关于从那时开始的我与尾崎先生的缘分，暂且略过。现在，我想写一写尾崎先生教导我的第一件事——那就是“站姿”。

他让我试着站直，但是无论我怎么尝试站直，身体都是弯曲的。

“你现在的身体是扭曲的，有些用力过猛了。站得不够稳当，注意不要来回乱晃。”他这样说道。

“首先，请你每天练习优雅的站姿。”尾崎先生说。

姿态良好，身体笔直，不能摇晃，可以一直坚持这样站下去。

看似谁都能做到的事我却做不到，但尾崎先生仍然很有耐心地指导着我。

当时的我年轻气盛，不愿意听大人的话，大家都拿我没办法，可是不知为何，从一开始我就能老老实实地听从尾崎先生的指教。

“你要多观察我，好好观察，特别特别仔细地观察。”

尾崎先生一五一十地向我展示着他的举止姿态，给了我很多启示。

“嗯，漂亮。非常好！”尾崎先生如此称赞我的站姿，是半年后的事了。

“能有如此优雅的站姿，你已经没问题了。”至今也无法忘记尾崎先生说出这句话时脸上的笑容。

听到他这样说，我真的很开心，特别地开心。

感觉这好像是有生以来第一次学到了对人生很重要的东西。

我学习到的优雅站立的诀窍便是“放松”。

半年来，我都在学习着、训练着。

自那时起已经过去了20年，很想以尾崎先生的角度确认一下如今我的站姿是否优雅。

虽然并不是多么了不起的事，但我就是想成为站姿优雅的人。

如今，若是有人问我的立足之本，我的回答便是“站姿优雅”。

若是有人问我眼下正在学些什么，我的回答依然是“站姿优雅”。

我的一切由此开始。我想，现在的我仍然未能做到这一点。

小小感悟 3

○ 自己的身体也是借来的

出生时我们两手空空，死后也同样如此。东西再好、再昂贵，最终也不得不放手。不仅仅是身外物，我们的手、脸、脚，乃至整个身体都是借来的东西。因为是借来的，所以还望君珍惜。

4 自尊与忍耐

2005年5月10日，我进入《生活手帖》杂志社工作，2006年1月25日，杂志改版号发行。

至今我依然无法忘记1月25日改版号发行的那一天。

不安与恐惧、批评与职责几乎将我压垮。我提出了“打造一本全家老少都能阅读的杂志”提案，因为当时细分读者年龄层潮流趋势的冲击，杂志的发行册数受到了限制。

即便杂志的水平还有待提高，但已经尽自己所能实现了当时的所思所想，正值迈出一小步的时期。

记得那是自发行日过了两天后的1月27日。

我收到了一位女性寄来的明信片，上面写有新改版的《生活手帖》的读后感和很多鼓励的话语。

“非常好，我感受到了新意。在杂志中可以切实体会到松浦先生的存在……”

看过这些话后，我如释重负，哇哇大哭了起来。因为当时没有任何人告诉过我自己的感想，而且社里和出版经销商都不愿接受我的提议，自己处于被孤立的状态。

当看到封面仲条正义画的金鱼缸时，大家的反应几乎都是“冬天为何要用金鱼缸当封面？”不过，看来还是有一个人是支持我的，自己根本就没想过会收到这样的信件。

寄来那张明信片的是一位编辑界的老前辈，她制作过很多众所周知、备受大家喜爱的杂志。她在《生活手帖》创刊号发行日那天购买了杂志，并在当天写了明信片寄给我。这样做的只有她一个人。

我曾经在这位前辈担任主编的杂志上，撰写了近八年的散文连载。不过，在就任《生活手帖》的主编后，便自顾自地推掉了这份连载工作。即便如此……

自那之后过了三年左右，在某次活动中，我有幸与那位前辈见面交谈。当时自己正处于杂志发行册数的增长不达预期、因主编工作烦恼而每日失眠的时期。到了现在终于可以坦白地说，当时我是在看心理医生的（为了治疗，开始了这项持续至今的“马拉松”活动）。

我问了前辈一个问题：“什么是坚持一份工作所必需的事？”

她是这样回答的：“舍弃尊严，还有……总之就是要忍耐。”

这句话十分有冲击力。

“啊？是这样吗？”

突然，我感到很困惑。

“舍弃尊严，总之就是要忍耐。”

我在心中将这句话重复了很多遍。因为这些元素在我的世界中不曾存在过，所以不知道该如何理解这句话。

但是，马上我就明白过来，此言不假。仔细想来，我的自尊心比较强，还总是以自我为中心，这是一切烦恼的原因。

一想到前辈在这两方面的努力支撑着她出色的业绩（当然并不仅仅是这两点）我就觉得胸闷，甚至快要哭出来了。

我老老实实地将这两点铭记于心，当天便决意从明天开始为了制作崭新的《生活手帖》而努力！

于是，这份工作我做了大约九年时间。

终于在2015年3月达成了初入杂志社时与公司约定的目标。

“舍弃尊严，总之就是要忍耐。”仅从字面上看很好理解，但越想就越发体会出其中的深意。我个人理解这句话体现了一种非常积极新颖、灵活有力的崭新的精神。

是的，就是“向一切学习”的态度。

直面所有事，尽可能地修正自己与产生问题之间的偏差，并在短时间内平息一切。

即便深陷难受、痛苦、悲惨的境遇，却依然不放弃。咬紧牙关，默默地忍耐。

“舍弃尊严，总之就是要忍耐。”

真的非常重要。

未来的每一天我都要一直牢记这句话。

可是，要做到很难啊。还是会不由自主地喊出“该死！”或是泪流满面。

小小感悟 4

○ 凡事莫急，安心等待

有人抱怨"为何我的愿望总是难以实现呢"，也有人抱怨"为何只分派给我这种工作呢"。每到这种时刻，人往往会内心焦躁，止步不前，因想要采取行动而坐立不安。即便如此，也不要着急，安心等待吧。重要的是克制与忍耐。

○ 与时机为伴

一切事物都面临着时机的选择。无论是人与人的相遇、某种能力的提升，还是工作方面的调动，正如某一时刻填字游戏的文字正好吻合一样，一切都会自然地伺机而动。在此之前，能够一直安静等待、具备强大忍耐力的人，可以做到与时机为伴。

5 吾之心声

大家好，感谢你们每天的多封来信。

或清晨、午间，或夜晚、黎明，一封封来信大约是在诸位最为安适的时间里抵达我的手中。

收到后我真的都会马上看。这些信给如今“生活之基本”提供了力量，鼓舞、支持着这一栏目。

我总是在思考，怎样把自己的这份感激之情传递给你们，至少可以感觉和大家靠得近一些。

于是，我每天在做饭、写稿、研发之余，哪怕一件也好，希望能代大家找寻这一天之中的精彩与美好，思考一些对大家有用的事，回想一些令人开心的过往。

那么就让我们聊一聊吧。

请想一想别人为你做些什么事会令你感到开心，找到这些可能会令你开心的事。我们不仅要彻彻底底地想出、找到这些事，还应该在一一理清之后，面向个人或在社会中，先人一步、大大方方地进行实践。然后让自己成为一个傻瓜，永远毫不犹豫地为这些事竭尽全力。

请再想一想别人做什么事会令你感到厌烦、心痛或受伤，找到这些可能会令你伤心的事。我们不仅要彻彻底底地想出、找到这些事，还应该在一一理清之后，下定决心无论发生什么都不去做这些事。即使周围所有人都去做自己也不做。即使自己一个人被孤立也不要做这些事。

别人所做的、令我开心的事情；

别人所做的、我所厌恶的事情。

我希望在这两件事上的感知能力能比别人高一倍，发挥的想象力也比别人多一倍。老实说，我明白在这两种事情上提高感知力、拓展想象力会令自己很辛苦，但是在我看来，无论是在工作这种社会生活中，还是与家人关系的维系，都需要这样的努力。表达感激之情，就是这么一回事。

那么，大家怎么看？是为了怕自找苦吃选择放弃，还是准备迎难而上呢？实际上，我觉得这两种选择都是可以的。

了解自己拥有的这两种选择，即使现在做不到迎难而上也没关系，日后有一天也许你会突然下决心去努力，或者稍加尝试，这样就很好。说真的，我认为我们应该认认真真、最先去努力做好的，就是这样的事，所谓竭尽全力当是如此。

实际上，我每天都在这两种选择间徘徊。今天决定迎难而上，其实昨天才刚刚放弃过，没能成功。那么明天呢？不知道，不过如果可能的话我还是想去尝试。虽然有尝试的意愿，但是自己却做不到。

这就是为了某件事而努力的过程。各位年轻的朋友们，大家的工作便是这样，这一过程中的泪水和汗水才真正闪耀。为此，我们需要舍弃自尊，并且忍耐。

日子可以过成○，也可以过成？，还有△。对我来说，△的日子比较多。

镰田实先生曾经在书中写道，接近○的△比较理想，果真如此。不可能每一天都是○，所以我觉得努努力过成△就可以了。你们觉得呢？

表达能力有限请各位见谅。努力固然重要，但也请不要勉强、苛责自己，对自己好一点。

感谢大家平日的陪伴，来信我都会认真地看，而且会看上很多遍。

今天在此写出的并不是文章，而是我的心声，是我给大家的回信。下次有机会我们再聊。

写于一个潸然欲涕的夜晚。

小小感悟 5

○ 永远保持真诚的自我

无论什么样的对手，都要把他当成一个与自己平等的人来敬重。不质疑、不谄媚、不巴结、不拧巴，用真诚的心灵和语言与对方坦诚相对吧。

○ 定下“不责怪别人”的规矩

明天也一定会像今天一样，遇到各种各样的事。或许我们会为了保护自己而企图攻击别人；或许在给对方提意见的时候嘴上说着“这是为你好”。可是，要知道给予正确的意见和攻击对方之间只有一纸之隔。所以，我们需要给自己定个规矩“不责怪、不攻击别人”。攻击别人不仅毫无意义，甚至反而会令自己陷入痛苦之中。

○ 不要把愤怒化为语言

每个人都有被感情冲昏头脑的时候。正因事关重大，所以会迷了心智，丢失理性，说出一些口不对心的话。所以说，“不要把愤怒化为语言”这个规定就很有用了。

○ 言语是把双刃剑

简简单单的一句话，有时会被奉为珍宝，成为一生的护身符；有时也会刺人心肺，成为一道难以治愈的伤痕。言语因运用方式不同，有可能化为一柄可怕的利刃。操纵这把利刃，会使自己和对方双双受伤，留下一生的痛苦。就算是为了保护自己，也应该注意自己的说话方式。

6 名为“机会”的击球区

做一件事，脑海中充斥着认真、听话、正确、高明、尽在掌握、绝不失败、完美、漂亮、聪明等这些词语。在尝试后获得成功，这是意料之中的感觉，会耗费我们很多脑力。虽然结果不赖，但至少对我来说，这一过程不会残留在记忆里。

做一件事，为了帮助某个人，脑海中浮现出这个重要的人的面容。心中想着这是自己最后能做到的事，集中全身的神经，不在意别人的目光，不管自己是否丢人与难堪。甚至忘记自己的身体，竭尽全力地运用自己的意志力，如同一个赤身裸体的人努力拼搏到最后。口中一边默念着“谢谢、谢谢”，一边勇往直前。在这仅有的5分钟，不，也许是3分钟里，忘记时间和疲惫、忘记成败与否等一切的一切，仿佛纵身跳进一片漆黑的深渊。

在我看来，不顾一切地抓住机会，就是这样的感觉。

在我看来，“舍弃自尊”就是这种感觉。

机会是平等的。如同世界向你发出了邀约，如同一个人向你回眸而视，这便是机会。

当机会来临时，应该如何应对呢？

无论今天、明天，还是后天，机会经常出现。

当你看到它并反应过来的时候，机会往往已经稍纵即逝了，接着还会眼睁睁地再次看着它离开，机会几乎都是这样溜走的。

说真的，至今为止，我已经目送过它很多次了。所以，现在，当我们站在名为机会的击球区上时，哪怕再难堪也要拼尽全力。

即使无数次挥棒落空，重重地摔倒在地上，依然希望自己能尽情地挥舞球棒。虽然很少能打出安打和本垒打，但是尽情挥舞球棒的身姿会深深地刻印在记忆里。

老实说，当然也有挥不动球棒的时候，但是工作、人际关系，乃至生活不就是这个样子吗？在这种时候大家互相加油、互相鼓励，然而大多数情况下还是会一棒打空。

小小感悟 6

○ 了解自己"被自然召唤的时机"

想做一份工作、想写一篇文章、想经营一家店铺——这些事并不是自己朝着梦想和目标努力，就能靠着拼劲儿完成，或是历经千辛万苦可以达到的东西。获得一个职位，并不是看你对它有多么地渴求，当对方需要你的时候，自然就会迎来被召唤的时机。在想做某件事之前，先成为一个别人需要的人吧。

○ 奉献于世

了解自己能做些什么，什么事只有自己能做得到。找寻一些自己真正擅长的、对这世界有益的事吧。能遇到奉献于世的事，是一种缘分。

○ 不要纠结

当拥有过很多机会却都没能抓住的时候，这只能说明这些机会并不适合你。不要再纠结过去，抓紧寻找新的机会吧。在寻找的过程中，拥有坦诚的心和"学习"的姿态，还有积极的态度很重要。

○ 直面“现在”

诸事不顺、没有工作、大失所望——这种时刻需要我们正视自己，再一次审视自己每天的心境。悄悄地问一问自己，有没有把错误都推到别人身上，是否把自己当成替罪羊来看待？如果用消极的态度逃避“现在”，我们的成长便会止步于此。

7 不羞怯

当结束了一天的工作与生活，整个人放松下来的时候，我会回忆这一天发生的事。

说真的，自己并不想回忆起什么，与其说是回忆，其实是不由自主地想起了白天的很多事。

或遗憾，或窝囊，或内疚，或怒气冲冲，或羞愧难当。还有一些不愿承认的事、想尽快忘掉的事、琐碎的事、重要的事等。

想着想着，不由得叹了一口气。

可是如果不能直面这些失败的、不完美的、半途而废的、不顺利的事，不愿意抱紧这样的自己、不承认这就是自己的话，我们无法知道明天应该向哪个方向、怎样走出崭新的一步。

那么，接下来要考虑的是明天有何打算。我想对此大家都有自己的想法，对我来说，则需要在“不羞怯”上下功夫。

因为羞怯，无法拼尽全力；因为羞怯，错失机会；因为羞怯，无法展现自己；因为羞怯，难以下笔；因为羞怯，说不出谢谢。是的，“不羞怯”很重要。有时我会觉得自己比不过那些不会羞怯的人。

诸位的意见如何？

我现在有时想在工作中运用一些没有人尝试过的表现方式，但总是在稍许犹豫之后，最终还是一不留神就调整成了似是而非的表达。

这是为什么呢？因为我介意社会舆论和世人的目光，还有周围人的意见。

因为我讨厌、害怕听到别人说：你挺会出风头嘛。其实，我真的觉得这种尝试绝对有必要，但是自己还是会感到羞怯。

所以，无论是工作还是生活，要想做到尽情地享受就不能羞怯。竭尽全力、拼命努力也不能羞怯。

人应该敢想敢做，并始终坚持自己的信念。所谓的“不羞怯”，指的是一种“勇气”，一种“觉悟”和“不敷衍”的态度。

回首来时路，不知道能否用成功来形容，但如今想来，成就某件事时的力量，皆来源于“不羞怯”，做事不顺的原因则在于自己的“羞怯”。

羞耻心固然重要，但在关键时刻我还是想做一个不知羞怯的人。有时心里明白，却很难做到。但是，我觉得只要摆脱羞怯心理，就能超越自我，开辟新的方向。在关键时刻最好能够毫不羞怯、勇往直前。

当然，不羞怯并不意味着胆大妄为、给身边人带来麻烦。

明天，为了不羞怯而努力吧。

小小感悟 7

○ 尝试去做自己未曾做过的事

运用至今为止学到的东西，做一些自己未曾做过的事。这就是所谓的“挑战”。挑战的规模由自己倾注的钱财、力量、时间和感情来决定。

○ 挑战“重置”

选择“重置”一些事是一种很大的挑战。刚开始做某件事时，从某种意义上讲，不得不向从前的自己“告别”。这就如同要想和新恋人开始交往，就必须和现在的恋人告别一样。每个人都能在“重置”的第二天清晨获得新生。

○ 当断则断

很长时间一直坚持做一件事，并非绝对正确。因为这世上，不存在什么绝对。下决心试着停下一直在做的事吧。如果仅仅是用另一种方式来重复相同的事，即便所做的事发生了变化，那也不算是挑战。

○ 具备一人独行的勇气

从眼下所处的位置迈出一步，就意味着走向孤独。因为我们要离开一直陪伴在身边的人所在的地方。因为我们要和自己熟悉的、和自己形影不离的人分别。熟悉了现在的地方，感觉轻松舒适，一切都井井有条。一个人只身从此地前往一个谁也没去过、没有任何熟人的地方自然会感到恐惧。即便如此仍能鼓足勇气，开始孤独的旅程，这就是挑战。

○ 忘记自己的成功

挑战的目的不在于成功，而在于学习。成功与否其实无所谓。从初次的经验中能够有所收获，这是挑战的首要目的。

○ 回想今天的“崭新体验”

闭上眼，回想一下今天都有什么崭新的体验。即使不成功也没关系，挑战是很有难度的，我们不可能做到“每天一挑战”。正因如此，如果今天能有新的体验，哪怕事情再微小也是特别的存在。明天也许还会有新的体验，也许没有。即使没有，明天依然是崭新的一天。

8 自卑感

我们来聊一聊，好吗？谈谈自卑感的问题。我想每个人都有自己的“短板”，或者说是无论如何都劣于别人之处。这存在于很多方面。

而我的自卑感源于学历。哪怕是这样付诸文字都会令我难为情。我从高中起就退学了，高中都没上过，更不知大学是个怎样的地方。没上过高中，就意味着几乎没有学生时代的回忆。高中退学后，马上就开始在工地工棚之类的地方打工。漆黑的指甲和汗臭味——说起青春，也就只剩这些打工的回忆了。

我不想无论见到谁、去往何地都被人说这个人没有学历，果然什么都不懂，于是就开始拼命地看书。

文学、经济、传记、教育、文化、美术、古典等，只要是能拿到手的我都会看。漫画倒是没怎么看过。

我只想打破别人对没有学历的人的成见。其实当时一点也不觉得读书有意思，不过现在很喜欢。

总之，当时为了比上学的人储备更多的知识付出了很多心血。

即使后来开始了书商的工作，那也一定是学历上的自卑感在起作用。

最痛苦的是被别人问“哪所大学毕业的”，我总是弱弱地回答：“没上大学，高中就退学了。”然后对方往往会说：“真没看出来。”“就是为了不让别人看出来，才一直拼命地努力到现在啊！”我在心里嘀咕道。

“为了不让别人看出来”——感觉自己至今为止的所有努力都如这句话所言。我想恐怕自己今后一直也要为这句话而活了。那么，所谓的“自我”又在哪里呢？害怕自己会被这个世界抛弃，直到现在也依然害怕。

对不起，今天就聊到这里吧……

本以为可以多聊一聊，不过今天就到此为止吧。

我绝没有打算聊什么阴暗的话题，只是想说一些实在话，跟你们讲讲自己的潜力是如何激发出来的。我们有机会再继续吧。

小小感悟 8

○ 克制多余的欲望

拿自己和某人、某事，或是社会做比较，是比不出什么好事的。比来比去的是由于多余的欲望在作祟。克制住多余的欲望，很多问题都能迎刃而解。

○ 左手和右手哪只更厉害？

小时候我们视为攀比对象和竞争对手的是兄弟、朋友，长大后则变成了同事和熟识的人。其实，大家都是生活在同一家庭、同一社会、同一世界的伙伴。左手和右手，并无高下之分。把大家都当成伙伴，就不会再有无意义的争斗了。

9 保持笑容

亲爱的朋友们，感谢大家经常写信给我。一边读着一封封来信，一边想着在回信中如何进行补充说明，但最终还是未能组织好语言。

不过，今天晚上，我来告诉大家那天自己原本想说的话。是的，即使一事无成、一无所有、一无所知，也要时常保持笑容，开朗和蔼的笑容。

这与努力无关，也不是放弃或转变态度，更不是要逃避或半途而废。无论自己在思想上有什么样的负担，是的，无论自卑感如何作祟，迅速放松心情，让自己时常保持笑容，开朗和蔼的笑容。

这并不是在宣战，或是刻意摆架子，我觉得应该从这里开始迈出自己的一步。即使前进不了一步，能站在起跑线上也足矣。

并没有人指导我，只是自己本能地想这样做。不过，如今想起，也许是一直以来每当有事情发生时，父母的笑容对我造成了潜移默化的影响，才会有此领悟。（我的家境并不富裕，但因为父母总是面带笑容，即使日子过得清苦，即使没有钱，也总能体会到安心感。）

总之，我一直都是面带笑容地生活着。时常会有痛苦难受、潸然欲涕，或是感觉已经撑不下去的时候，每当遇到这种情况，我会迅速放松心情，提醒自己保持笑容，开朗和蔼的笑容。就像一间房间一样，这是我需要多次返回的原点。保持笑容，对我来说最为重要，不愿停止，可以说是护身符一样的存在。

既然眉间已经延伸出一条皱纹，就不要再让它多出一条，哪怕强行抚平皱纹。

深呼吸，调整心情，有些事跨不过去也无妨。只有这时需要我们拿出勇气，停下脚步。请保持笑容，开朗和蔼的笑容。这是我的潜力所在，我会为此竭尽全力。

“为了不让别人看出来”而拼命地努力，总有一天会深感疲惫。这样很难坚持下去，终究是行不通的。既然如此，请保持笑容，开朗和蔼的笑容。这样可以帮我回到原点。所谓自我，不就是人生的原点吗。多亏有了可以回归的原点，我才得以绝处逢生。

保持笑容，这也是我今后努力的方向。

感谢大家平素的支持，我不善言辞，希望能通过在这里聊聊天的方式，将自己的谢意一点点地传递给大家。让我们边走边聊吧。

小小感悟 9

○ 坦诚面对悲伤

想哭的时候，不要勉强自己笑。对自己保持坦诚很重要。所谓坦诚，并不是什么都不想，一味地听信别人，而是敞开自己的心扉，接纳苦与悲。

○ 不要沉溺于悲伤之中

当发生自然灾害、重大事故等能让人内心崩溃的悲哀之事时，告诉自己“只当是学习”吧，再勉强也要学会接受。无论多么悲伤，也不要让自己沉溺其中。要让自己认为“因为我希望在人生中有所收获，才会发生这种痛苦的事”，如此一来即使无法抑制泪水，也能积极前行。

○ 不逃避、不畏惧

好事自不用说，面对烦事、苦事、难事也能敞开心扉、坦然接受的秘诀就在于——不逃避。谦虚地直面一切，勇敢地去接受吧。

○ 在恐惧中睁开双眼

当人感觉害怕的时候，会闭上眼睛。但是闭眼会使恐惧感更加强烈。无论是在人际关系中，还是面对每天发生的事时，当感到害怕的时候鼓起勇气睁开双眼吧。作为当事人冷静审视，同时吟唱这样的咒语："我能从中学到些什么呢？"

○ 所谓幸福，心怀感恩

获得幸福的方法很简单。首先是乐观生活、积极生活。其次，爱包括自己在内的一切事物。直面人和事，忘记得与失。努力在世间无私奉献，就会明白自己也会有所收获、有所成长。于是，我们学会了感恩。我想，懂得感恩的人才是幸福的人。

10 交换

我们边走边聊吧。

小时候，我裤子的口袋里总是装着小汽车玩具。

不止有一辆，大概有两三辆。

自然是为了玩才带在身上，不过有时候也类似于大人总把文库本装在包里的感觉，在感到无聊的时候，或者被父母带出门时，为了能保持安静，就会像读书一样从口袋里拿出小汽车，目不转睛地看着，或摸一摸，或用手掌摩擦车轮让小汽车动起来，以此来自娱自乐。

所以，出门的时候，我绝对不会忘记把小汽车放进口袋里。

而小汽车玩具对我来说，就像是一种与人见面时的交流工具。

每当遇到初次在一起玩耍的小伙伴时，我会先把自己的小汽车都拿出来摆放好，然后问对方："喂，你带了什么呢？”

于是，对方也会从口袋里掏出自己的小汽车，摆好给我看：“我带的是这个。”

“唔——”互相评定一番后，其中一个人便会说：“咱们来交换吧。”这句话包含着“咱们做朋友吧”的意思，所以如果回答是“不要”，那么这段相识就到此为止了。

如果回复是“好啊”，那么就从对方的小汽车里挑选自己喜欢的。

我随身带的基本上都是自己中意的小汽车，因此对于其中的一辆要成为对方的东西抱有很复杂的感情，不过通过这样的交换我交到了朋友。

我宝贵的卡车归那个孩子所有，而他的宝贝保时捷成了我的车，这种感觉慢慢地培育出了友谊之花。

而且，对这些经过互相展示、交换过的自己喜欢的，或视为珍宝的小汽车，我们会倍加珍惜。

“这个给你”——有的小伙伴什么都没带，而我又想和他成为朋友的话，就会把自己的宝贝小汽车送给他。

总感觉最近有着和儿时一样的感情。当遇到想亲近的人时，就想对对方说：“喂，咱们交换些什么吧？”

读了各位的来信，内容无论是痛苦、困惑，还是敞开心扉、开诚布公，想必对大家来说都是很重要的事。

我仿佛是在这里与大家进行交换。

因此，我会更加珍惜大家的来信。

一直将它们保存下去。谢谢你。再往前走一走吧。

小小感悟10

○ 金钱先生和时间先生是我们宝贵的朋友

每个人都有两个朋友，只要活着就希望能和他们搞好关系，那就是“金钱先生”和“时间先生”。怎样做才能让他们喜欢上自己呢，真心实意地想一想吧。

○ 时间先生是比金钱先生更为重要的朋友

朋友是无法相互比较的，不过比金钱先生更重要的朋友是时间先生。因为金钱可以存储，而时间是不能存储的。正因为时间有限，我们注意不要让时间先生讨厌自己。留意一些能令时间先生产生好感的时间使用方法吧。

○ 朋友的朋友也需要珍惜

对每个人来说，时间先生都是重要的朋友。我们不仅要珍惜自己的时间，同样地，也要珍惜别人的时间。为了避免不小心剥夺别人的时间，我们需要遵守“不让别人等待、不打扰别人”这两点法则。

○ 通过调整花钱方法来改善与金钱先生的关系

为了能和金钱先生和平相处，我们要找到他喜欢的相处模式。关于金钱我们应该学习的，既不是挣钱方法，也不是攒钱方法，而是花钱方法。不管是一元还是十元，只要我们认真思考如何有效地利用这些钱，就能深化与金钱的关系。当最终与金钱先生搞好关系后，金钱会自动向自己聚集过来。

○ 金钱是从社会中来的“寄存品”

能否拥有很多名为“金钱先生”的朋友，与自己可以收获几分来自社会的信任是成正比的。所谓有钱人，即是“受到社会信任，代为社会保管金钱的人”。正因如此，我们应该选择对社会有益的花钱方法，选择能让别人满意的花钱方法。应该思考能让大家获得幸福的“交换”。

○ 明天和时间先生、金钱先生做些什么？

时常静下心来想一想吧，明天我们和时间先生、金钱先生做些什么呢？做些什么事，可以令和他们的关系变得更好？做些什么事，会让他们感到高兴？难眠的夜晚，也是时间先生来找我们玩的夜晚，认真地想一想吧。

11 再见=谢谢

把椅子放在窗边，我们来聊聊天吧。

无须面对面，就这样呆呆地眺望着窗外遥远的夜空。把自己裹暖和一点，可以暂时保持沉默。

无意中想起了一件自己刻意不太想提及的事。

告别这件事对于我来说很是棘手，可以说是不太擅长的。

至今，我还满心后悔。

这一点是我无法回避的弱项。

关系相处得越好，就越难当面说再见。有时甚至会逃避当面告别的场面。

与在旅途中相遇的人分别之时，就会感到寂寞、悲伤、难受，在出发的清晨，我都会避免与他们见面，一个人悄悄地离开。

应该说是我不想流露出悲伤的情绪，嗯，一定是这样。总之，当面说再见对我来说很痛苦，这是为什么呢？大概因为我是个爱哭鬼吧。

其实自己也明白，这绝不是什么好事。

今年春天，一直为我和儿子弗兰克林做鞋的古因达村的玛丽婆婆离开了我们，化作了一颗星星。

享年92岁。

我当时觉得这一天可能不远了，虽然想去但最终还是没去成。真的是很没用啊。

随后，婆婆的一封信由弗兰克林送到了我手中。

信上写着——

遇见你我很幸福，谢谢。请记得一天吃一个鸡蛋。

然后，在最后写道——

感觉我们还会在某处再会。

再见，是人生种种经验的终结。

同时，也是崭新际遇和出发前行的预告。

啊，我想把惦念你的心更好地转换成语言表达出来；想把我们的关系拉近到无论何时伸出手都能触及彼此内心的距离；想认认真真地说一句再见。

我给婆婆写了封回信，送了出去——

再见，期待着与您再次相见。长久以来谢谢您。

她应该能看得到吧。

再见，也是一种感谢呢。

这是婆婆最后让我意识到的事。

没错，再见的意思就是“谢谢”。所以一定要好好表达出来，如果表达的是“谢谢”的话就好开口了吧。

这很重要是不是？

我们下次再聊好了，最近我开始觉得哭是件好事。这个话题我们下次再聊。

你们的故事我都收到了。

能和大家交换，我非常开心。

注意身体，不要感冒。

小小感悟 11

○ 离别中见感情和本质

有多少次相遇，就有多少次离别。所以，我们要像感谢相遇一样，对离别也心怀感激。离别时人往往会很伤感，这是感情的部分。在感情部分的深处还隐藏着本质，包括对得以相遇的感谢和对下次相遇的祝福。离别的泪水是悲伤的泪水，同时也是祝福的泪水。

12 关于关心和爱

今天就让我们像两个人面对面那样聊一聊，当然，是边走边聊的感觉。

关心别人、爱别人是很重要的、理所当然应该去做的事，如果无法做到这两点，我难免会觉得作为一个人是不太合格的。

可是，关心别人、爱别人的定义是什么，如何去做，是谁在何时教给我们的呢？

无意中想到这些问题，不禁细思恐极。

因为我想到或许自己认为关心别人、爱别人的正确方式，其实并不正确。

真是一头雾水，如果只有自己关心别人、爱别人的方式是错的，那就太受打击了，面对无法去关心和爱别人的自己，简直生无可恋，欲哭无泪。

我是这样想的：我们对别人关心的表达方式，其实表现在别人关心自己时让自己感到开心的事、自己觉得幸福的事、内心感到温暖踏实的事。比方说，想要帮助一个人的时候，往往会回想起自己与别人加深联系的经历，然后或模仿，或回想在以往的经历中所学到的事。是的，爱别人也是如此。

我曾经为育儿问题苦恼过，当时就会回忆在这种时刻父母是怎样对待自己的，然后只是照猫画虎地去做。也可以说我只能想到这种方法。

无论是关心别人，还是爱别人，或许我们无法做出超出曾被别人关心、被别人爱的范畴的事。他人对我们的关心与爱会成为种子，孕育出我们对别人的关心和爱。

那么，我们应该怎么办呢？关心与爱，是等也等不出来的，也无法练习。

我是这样想的，首先自己要全心全意关心别人、全心全意地爱别人，不求回报。

如此一来，也许极少数情况下对方会超越自己的全心全意来关心自己、爱自己。当然，也会有被无视、得不到回应的时候。即使如此，还是会有回报大于给予的情况。而超出当时自己力所能及给予的部分，就是自己初次体验到的关心和爱人的方式，这些体验会促使日后自己关心和爱人的方式发生变化，我们从中学习经验，这些经验会成为种子，弥补自己关心与爱的能力，使我们变得能比以前稍会关心与爱别人。

关心别人、爱别人的方法都是别人教给我们的。这个说法有错吗？本来不就是人的本能吗？其实并不是这样，我还是认为这两种能力都是别人教会我们的。起初，我们的老师是父母、祖父母、亲戚、兄弟这些家人，然后是朋友、恋人……那么，自己主观上能做到的关心与爱到底是什么呢？又能做到何种程度呢？

我的想法也许有些奇怪，请你不要生气。

我认为，人的成长始于开始具备关心别人、爱别人的能力。我们并不会因为做不到关心与爱就选择放弃，或是变得对此不以为然，而是要努力变成一个会关心、会爱别人的人。我们往往希望比别人更会关心人，比别人更会爱人。

因此，我们要尽自己所能将关心与爱全心全意地给予身边的人，加深人与人之间的羁绊。即使得不到什么回报也要坚持关心别人、爱别人。如此一来，也许在极其偶然的情况下会得到他人加倍的回报。而这份回报也许恰恰是自己未曾体验过的关心和爱人的方式。

于是，我们只需通过学习，把这种对自己来说崭新的方式方法化为己有，就这样一点一滴地扩充关心和爱人方式的广度与深度。我们只能反复、不断地坚持这一过程。

实际上，我一直就是这样坚持过来的。

现在也依然在坚持。

泪水真是了不起的东西，永远不会枯竭。

感谢你们的聆听，聊着聊着已经走出了很远。

我正在看你们的来信，谢谢一直以来的支持。

暖暖和和地好好睡上一觉吧。

我相信。

小小感悟
12

○ 要知道“爱之起点永远是自己”

无条件的爱是一切的起点。无论发生什么都要不求回报地去爱别人。如果丧失这样的意识，成长就会停滞，终将一无所获。无条件的爱并不仅限于给予对自己重要的人。首先要学会爱自己，其次是爱对自己重要的人，最后则是爱所有人。世间不存在和自己没关系的人，怀揣着这种精神站在爱的起点上吧。

○ 漠不关心会疏远爱

人们常说，爱的反义词不是恨，而是漠不关心。需要注意的是，对任何事都不要抱有漠不关心的态度。

13 找寻眼睛看不见的亮点

这次坐着和大家聊聊天吧。

“生活之基本”网站已经成立六个多月了。

曾经写《生活启示录》的时候，写过一篇有关“观察”的文章。重读这篇文章后，又动了再写一篇同样与“观察”有关的文章的念头。

“生活之基本”与“观察”能擦出什么样的火花呢？

每天我都能通过“生活之基本”和大家一起学到很多东西，其中之一就包括“观察”这一心理活动。

所谓“观察”，指的是仔细地看某种东西。那么，“看”又指的是什么呢？“看”这个动作一般我们每个人都可以做得轻车熟路。不过，又有多少人能做到积极地“注视”呢？

注视，我想大概就是找寻事物中隐藏的部分——我们称之为亮点的东西。

接下来，我们或深入思考亮点是什么，或抱紧亮点、对其进行揣摩。这应该说是一种想看到眼睛看不见的东西的心情吧。

如果想仅凭轻轻一瞥就映入眼帘，是不会发现事物背后隐藏的任何亮点的。我们应该转变自己的视线，或是把视线从自己身上移开，更仔细地进行注视，或者试着闭上眼睛，等等。

仔细地看，如果看不到亮点的话，就要更加仔细地注视。通过反复、全面地看，终将发现事物背后隐藏的美丽、精彩、魅力、关键、变化、小小的秘密、生命和悲伤。

亮点。

我们面对任何事物都应抛弃成见，努力具备从低矮中发现高挑、从肮脏中发现美丽、从浑浊中发现透明的眼力。学会打开心灵之眼，寻找事物的亮点。

没错，“观察”也许指的就是注视眼睛看不到的亮点。找寻亮点，还需要勇气。一天之中，能有几次花费心思找到眼睛看不见的、转瞬即逝的亮点呢？这需要我们对生活、工作和人的样子抱有好奇心，拥有一双率真、无止境探求的观察者的眸子。

所谓生活，即是心灵每日的精进与劳作。只需付出一点点的努力。

我非常高兴能通过“生活之基本”与大家一起分享“观察”这一需要心灵努力的事，很感激能有这样的机会互相聊一聊每天的新发现。

更多地去“观察”，我会发现很多亮点，从而在前行的路上能更好地帮助大家。

时而走，时而坐，就这样与各位畅快地聊起来。偶尔我也需要大家的帮助。

我坚信，正是有赖于互相帮助，人才能得以生存。

关于明年的抱负，我写下“携手同行”四个字。牵起手，一起走。

大家的来信我都看过了，边看边用手指临摹着信中的每个字。

亮点就在你们的故事中。

谢谢……

小小感悟 13

○ 你相信奇迹吗

诞生在这世上，并能生存至今，这本身已是一种奇迹。在我看来，呼吸都是奇迹般的存在。在感受到奇迹的时刻，我们往往无法言喻。当时涌上心头的就只有“谢谢”这一感谢的话语了吧。

○ 所谓成长，就是把“谢谢”付诸行动

在想表达自己特别喜悦、感动、感激的心情时，我们会说几句感谢的话语，或是挑选一些致谢的礼物。如果这些还不足够表达心意的话，就要付诸行动。只有成长是对降生于世的奇迹和被赋予生命的奇迹的谢礼。成为更好的自己，是对奇迹表达的谢意。

○ 生存，即是珍视自己

认可自己的存在、相信自己是人们生存下去的最大动力。所谓生存，即是珍视自己。世界、国家、街道、社会、家庭、朋友关系、社区、公司，我们之所以存在于其中，是因为自己是不可或缺的一部分。如果我们不在了，别人

就会因此而苦恼，所以每个人都是奇迹般的存在。感激这一奇迹，在珍视自己的同时，想一想怎样才能让自己活得更有意义吧。

○ 你是自己痛苦的原因

身体和心灵受伤痛苦，不能怪别人，也不赖运气不好。想一想上一则感悟，是不是忘记要珍视自己了呢？最宠爱你的人就是你自己。

是不是忘记要珍视自己了呢？

II

14 共生

我可以坐在你的旁边吗？——这句话我喜欢说，也喜欢听到别人对我说。还喜欢诸如“请坐”“请坐在我的身旁”等。

这种都是略显委婉的邀请或接近别人的方式，当然为了避免给别人造成不快或显得不礼貌，应该学会察言观色。

是的、是的，我觉得察言观色并不是一件坏事。或许因为我就是个胆小怕事的人。

今天是不是有一种我厚着脸皮坐在你身边的感觉呢。

在思考我们生活的世界时，我曾写过一篇文章，重读一遍后发现，最近的自己正在渐渐忘却其中的内容，不禁感到有些恐惧。

我来念给你们听。文章有些长，我念一会儿休息一会儿，你们也听一会儿休息休息。

这是一个任何方向都充斥着争端的世界。如果乘火箭前往月球远远地眺望着地球，大概会觉得这是一个充满火药味的星球吧。如今在以人为单位的小世界里和在以国家为单位的大世界中，我们所欠缺的是什么呢？应该就是“共生”的精神了吧。

所谓“共生”，如字面意思所示，不加选择地帮助万物生存下去，同时自己的生存也有赖于万物。比如即使一个人独自生存，也要经常接触到自然界的花草、动物、水和空气。帮助这些除自己以外的人和物生存的同时，自己也在这些人和物的帮助下得以生存，我想这就是人类生存下去的原理法则。

可是，现在有不少人都忘记了这一法则，认为只要自己过得好就可以了，其他的人和物怎么样都和自己没关系。说实话，就连我自己也有时会在不经意间流露出这种漠不关心的态度。对他人的事视而不见，为了利益坦然地欺骗、伤害别人，等等，当今的世界或多或少存在着利己主义行为和令人胆寒的争斗，而人们似乎已经对此无动于衷了。

想想看，怎样能帮助家人、朋友、恋人、邻居更好地活下去？自己能为生活的小区和大自然的存活做些什么？又能对公司同事、下属、上司和客户有何帮助？至少要为自己生活的小区、每天见面的人和每天的事物做些有益于他（它）们存在的事吧。

我们每个人都有感情，所以如果别人做了令自己厌恶或困扰的事，难免会想指责对方。而且，我们都有自己的好恶，所以在这种情况下我们马上想到的是让自己扮演受害者的角色，脑袋里想的都是“都怪他这样做”“他这里搞错了”“他对我做出了这种事”等。

抑或是想着怎样能逃避自己的责任。自己总是受害者，所以自己不会有错，是绝对正确的。越这样想，就越觉得生气，甚至会满怀怨恨，产生报复的心理。这种情况和“共牛”相差甚远，不中听地说这是争斗，说得更严重一些，这就是互相残杀了吧。一想到这样的事情不知不觉地发生在我们的日常生活中，我就感到毛骨悚然。可是，这也是事实，没有任何一件事和自己无关。

对人与人、人与物、人与事、人与街、人与自然、人与组织、人与社会、人与国家、国家与国家来说，“共生”十分重要。如果能做到互利共生，既不会再有战争，也不会有毫无意义的相互欺骗和琐碎的纠纷和争执。而且，“共生”会带来喜悦和快乐，使我们的生活更加丰富多彩。

“共生”带给我们的启示是，如果能做一些对除自己以外的人、事、物有益的事，那么自己也会受到这个世界的眷顾。当然，这些话听起来有些冠冕堂皇，在我们的生活和工作中有不少令我们苦恼和烦心的事，有时这些事就是由除自己以外的人、事、物造成的。但是，如果总是对这些人、事、物心怀愤恨，不断使自己陷入纠纷之中，那么我们将止步不前。

我想，现在有很多不满足、不顺心、为生活和工作苦恼的人和胸口疼痛、仿佛快要窒息的人，还有总是烦躁不安、脾气暴躁的人和即将被焦虑压垮的人。我也是其中的一分子。

在这里，我想试着去相信“共生”这一词汇。然后不要再想着“自己如何、自己如何”、把自己放在最优先的位置。从现在开始，试着去尝试“共生”这一理念吧。如此一来，总有一天自己的生存会得益于万物。

“共生”，意味着付出和包容。不断保持着笑容去付出，不断保持着笑容去包容。无论发生什么，绝不把别人逼到无路可走，而是不断地用笑容去面对一切。

我常提醒自己，今天待人接物也要做到彬彬有礼。这句话的深层意义在于，今天也要笑着与万物“共生”。

今日的文章到此为止。

人是很脆弱的生物，所以无论如何也要找一些理由，或任性妄为，或以自我为中心。有时会忘记与他人之间的联系、无视别人的心情。如果像这样忘记了与万物“共生”，应该首先从自己开始改正。

感谢你时常聆听我说话，说完感觉轻松了一些。

有机会我一定还会坐在你的身边。

或者，你也可以随时坐在我的身旁。

不要怕会对我造成困扰，我愿意坐在你的身旁聆听。谢谢你。

小小感悟 14

○ 慢慢体会

这个社会已经进化为一场速度的竞争。工作、社交、料理，一切都以速度为重。正因为生存在这样的时代中，我们才应该花些时间，慢慢地体会各种事物。

○ 小心"掉队"的假象

花费时间细致地做事，有时会产生一种"掉队"的焦躁感，这是我们经常会遇到的假象之一。只要步履不停，不管走得多缓慢也在稳步前进着。稍坐片刻便能看到全速前进过程中忽略的风景，这也是一种学习和进化。

○ 学会感受"中间地带"

一旦我们太过急躁，很多事都会被迫变得单一而纯粹，如黑与白、对与错、酸与甜。然而学问往往就在"中间地带"之中。在一瞬间决定喜不喜欢一个人之前，请先站在"中间地带"试着与其接触——这是与他人建立良好关系的秘诀。两个陌生人不可能马上相互了解，和一个人长久相处，其实就是要踏踏实实地花些时间互相学习。

○ “信任”是希望的标志

“无论如何也忍耐不了”“等不了了”——其实这种情绪的根源在于不信任的想法。怀揣希望，需要我们放松心情去选择信任。只要有希望，等待的时间会变为期盼。

15 谁也不会被遗忘

晚上好。近来每天都很冷，大家还好吗？

今天也请允许我坐在你的身边聊聊天。是的，我不自觉地开始思考，自己每天的动力是什么给予的。

让我讲给你听。

我的父母是双职工，因此我在很小的时候就被送到了保育园。

每天早上，我都会和妈妈手拉手，前往步行距离三十分钟的保育园。至今我依然对那只手的温暖触感记忆犹新，被她牵着我感到十分开心，并且希望一直、一直这样下去。可是，妈妈为了去上班把我交给保育园就离开了。分别后，我会一直凝视着她的背影，直到看不见为止。想哭，但还是咬着嘴唇忍住了。

每到傍晚时分，各位家长会到保育园来接自己的孩子，我时常会想，妈妈会不会不来接我，把我一个人遗忘在这里呢，这让我感到恐惧。如今想起来，妈妈肯定会来接我，而且从来没有爽约过，但当时我每天都在为这种可能性担心不已。

没有比这更令我害怕的事了。实际上，曾经有好几次其他孩子都回家了，只剩下我自己和保育院的老师两个人等妈妈等到夜里很晚。妈妈应该有联系过保育园，但是还是小孩的我并不知道这一点，无论老师怎么告诉我“再等一下妈妈就来了”，我还是非常、非常害怕自己会被遗忘在这里。

等了很久，妈妈终于来接我了。“对不起，我来晚了。”妈妈向我道歉，然后像往常一样牵着我的手，在夜晚向着家走去。途中，我拼命地闹脾气，试图以此向妈妈传递自己恐惧的心情。

不知道是否是这个原因，即使现在长大成人，也依然害怕自己会被什么遗忘。并且，现在自己也很在意是否有别人被遗忘了。是的，比如工作调动时，或是发生什么变动时，总之，无论何时我都十分担心是否有人被遗忘。对此我无法做到置之不理。

因为我太了解被遗忘时的心情了。所以，我总是在琢磨、努力发现、仔细观察是否有被遗忘的人。

如果有人在某处被遗忘了，我想伸出手帮助他，并且绞尽脑汁地思考自己能做的事。

或许这听起来有些冠冕堂皇，不过我认为长大成人后，小时候的这点记忆还不足以成为自己的动力。

难道今天自己被遗忘了？这种恐惧的情绪至今仍在我心中根深蒂固地存在着。所以，今天我也会仔细地观察，看看在某个地方是否有人被遗忘了。

说着说着，又不知道自己想要表达什么了，只能说抱有这种恐惧的自己转化成了各种力量。我并不知道这些力量能做什么，做不到什么，总之，转变成了力量是毋庸置疑的事。

我希望能把没有人会被遗忘这件事重视起来，也许把这说成是目标会有些奇怪。如果在某个地方有人被遗忘了，那么我会去接他，想为他写一篇文章。

我想做这样的工作。唉，说着说着又开始不知所云了，真是抱歉……

不过，还请你们继续做我的听众，我也总是在聆听你们的话语。谢谢你们给我寄来很多很多的信，每天我都会认认真真地阅读。

感谢你们来到“生活之基本”，我还会稍坐一会儿。

暖暖和和地睡上一觉吧，记得把肩膀的被子盖好。

小小感悟 15

○ 构建相互独立的关系

不要因为害怕孤身一人，就紧紧地握住别人的手。朋友很重要，是可以给予我们支持帮助的存在，但是如果彼此把全部重量都压在对方身上，那么这段友谊就会扭曲变质。各自用自己的双脚站稳，握住双手并向后保持距离，这样才是良好的关系。

○ 练习和别人保持距离

总和大家共同相处在一个安心、舒适的世界并不是什么坏事。但是，当自己需要全神贯注于某事，或是为某事拼尽全力的时候，还是独处比较好。和朋友、伙伴之间保持一定距离吧。既不过分亲密，也不过分疏远，保持适当的距离才算是完美的关系。

○ 把背叛看作“下雨”

大家都喜欢晴朗无风、温暖和煦的天气。可是并不是每天都有这样的天气。能一直和朋友保持良好的友谊固然令人开心，但是友谊也不是一成不变的。就像遇到下雨天一样，我们会被亲近的人背叛、会受到严厉的指责，这些都是很自然的事。因为其实爱和恨是一对好朋友。从你是否愿意原谅对方，就可以看出你们关系的深浅。

○ 牢记问题总出在自己身上

如果和关系一直很好的、对自己来说很重要的人产生了矛盾，那么问题一定出在自己身上。矛盾的产生并不是因为两个人中间的某一方出现了问题，自己一定有做得不对的地方。即便99%的问题出在对方身上，而自己的问题只占1%，从矛盾的成因上看并没有什么区别。认真地重新审视自己吧。

16 你的藏身之所

晚上好，今天过得怎么样？天气真冷啊……

今天晚上有件东西想给你看，所以聊天时会比平时离得近一些。我就坐在你旁边了哦。是的，准备给你看的是一本小小的书。

就在前几日，朋友送我了一本东京儿童图书馆出版的杂志《儿童图书馆·冬季刊》。

东京儿童图书馆是由喜欢书、喜欢孩子的人们创建的儿童书和绘本的图书馆，起初就设立在普通人家的家中。图书馆以石井桃子女士的“月桂文库”等四家家庭图书馆为前身，一直发展至今。

东京儿童图书馆是我最喜欢的图书馆之一。

翻开《儿童图书馆·冬季刊》，惊讶之余，一种感情慢慢地涌上心头。

卷首的文章中，小熊社的创建者佐藤英和先生真挚又富有激情地讲述了自己收藏登载插画画家阿迪卓恩的画作的书，自己因为非常喜欢绘本创建了小熊社，还介绍了小熊社创建至今的发展历程。文章中提到了依列娜·法吉恩的《马隆太太》一书的出版经过。

《马隆太太》、童话作家依列娜·法吉恩、画家爱德华·阿迪卓恩，这三个名字深深地烙印在我的心里，绝对不会忘记。

这本书于1950年首次出版。1996年，由小熊社刊行了日语版。我在25岁的时候，邂逅了这本书的二手原版。

在森林的旁边住着一位马隆太太，一个人过着清贫、孤单的生活。

一只、一匹、一头……很多无处可去的、生命之火即将熄灭的、身体非常虚弱的动物们，用尽生命的最后一点力气登门求助。

"这里就是你的藏身之所。"

——尽管马隆太太自己的生活已经十分艰难，但还是会把大家接进家中，像对待家人一样用自己的食物和衣物招待动物们。

马隆太太的身体也因此日趋衰弱，终于在某天早上没能再次醒过来。动物们将马隆太太的遗体运送到了天国的门前……于是……

"There's room for another……"

当时的我没有朋友，没有希望，只是一味地自暴自弃。所以当读到马隆太太这句话时，早已泪流满面，我想，如此不争气的我也一定在某个地方拥有自己的藏身之所吧。我就如同这个故事中登场的一只受了伤的小猫一样。

虽然马隆太太是个虚构的人物，不过我愿意相信这本书、这个故事、这些画和这句话语。我在如同旧金山的垃圾桶一样的地方咬紧牙关下定决心，即使被我一直带在身上已经皱皱巴巴了，这本书我是绝对不会卖给别人的……

现在我想亲手把这本《马隆太太》交给坐在我身边的你。读过小熊社佐藤英和先生的文章后，这个念头更加强烈了。

这是可以放在手掌上的小小的一本书。由小熊社出版售卖。

说这些并不是想打广告。

我相信《马隆太太》这本书一定会成为支撑你的力量，就如同对我来说的意义一样。

“这里就是你的藏身之所”，我被这句话拯救了。一本书、一句话真的具有如此强大的力量。

阿迪卓恩那细腻的、美丽的、描绘生命的卓越画作也温暖了我的心。

很抱歉，今天一直不停地在唠叨着。不过，我真的非常希望你能读一读这本小书。

经常收到你的来信，我总想回报些什么。

你赤裸的内心中不仅仅有好事，还有你的软弱、不能告诉别人的事、痛苦后悔的事，感谢你将这一切都讲给我听。

“这里就是你的藏身之所”，我会一直在这里等你。

小小感悟
16

○ 身体比心灵更博学

我们经常和心灵、大脑对话，有时却很少和身体说说话。其实，身体比心灵更博学。竖起耳朵聆听这宝贵的意见吧。尝试在睡觉前一边静卧凝视天花板，一边和身体展开对话。

○ 把疾病和伤痛当成一种讯息接受

既然大家都认为健康是一种理所当然的状态，那么疾病和伤痛其实也是理应存在的。当健康受损后不要再悲叹自己的不幸，试着这样去想"这次的疾病或伤痛是在给自己传达什么讯息呢"。如果疾病和伤痛是在告诉我们要改掉不良生活习惯、粗心大意的态度和勉强行事的做法，那么我们甚至应该说一声"谢谢"。

17 八正道

经常为了应该怎样向你打招呼而苦恼。

说句晚上好也许就可以了，可是又总觉得有些太过严肃。

或许以笑嘻嘻的笑脸取代寒暄，轻轻地坐在你旁边的感觉才最为轻松自在。请允许我采用这样的方式。

我应该是在十八岁左右时看了手冢治虫的《佛陀》，后来又看过多次，这是我非常喜欢的一部漫画作品。后来还把它带到了美国，这套书共有十二卷，在旅途中随身携带实在费了不少力气。但是，《佛陀》对当时的我来说，可以说是心灵唯一的栖息之所。无论发生何事，只要手里有这套书在就一定能渡过难关。

过一（日本诗人、画家）是在儿时和父亲辻润（日本翻译家）在巴黎旅行时，随身携带着全集四十一卷《大菩萨岭》，而我则带的是漫画《佛陀》全集十二卷。

《佛陀》中曾出现“八正道”这一佛教教义。

年轻时，即使忘我地热衷于某件事，也完全不明白自己的“芯”应该以什么为基准，自己需要守护什么。就在这个时候，我遇到了“八正道”，写下来给你们看。

正见、正思维、正语、正业、正命、正精进、正念、正定，即八正道。

我相信只要遵守这八项内容，就一定能渡过难关。当时的我每天的生活都像无根的小草一样，我把这八项教义当成救命稻草一般挂在嘴边、写在纸上，希望能将其渗透至自己身体的各个角落。其实都是一些我做不到的事，但是自己就是相信这“八正道”。

何为“正确”，我们很难找到答案，不过我想这正是倾尽一生应该去探索学习的事，需要我们直面、思考、苦恼的事。

今天的我能否正见、正思维、正语、正业、正命、正精进、正念、正定呢？每天都要问自己这八个问题。

这样的日子一天都没停止过，一直持续至今。这并不是在吹牛。而且，我一直每天都在直面“何为正确”这个问题。

可是如此一来，我就不得不直面自己的欲望，并且总是被欲望打败。

从年轻时起，如果有人问我至今为止到底一直在做什么，我就会回答，一心直面“八正道”。这么说好像听起来挺酷的，但其实真实情况就是如此，我唯一自学的就是这个。我想这“八正道”中的每一项内容都转化为我的一个个小灵感、小发现、小能力，变成了每一阶段工作的实力和魄力。这是真话。

因此，要说《佛陀》的“八正道”成就了今天的我，也并非言过其实，我就是受到了如此深厚的影响。当时的我认为自己可以依靠这“八正道”生存下去，这样足以支撑着我。

就在这种生活中的某一时刻，“正直、亲切、笑容，今天也要用心生活”这一类似于自己的理念一般的话语诞生了，只是“亲切”是高村光太郎（号碎雨，日本诗人、雕刻家，是日本近代美术的开拓者）写出的话。

正确的、正确地，无论做形容词还是副词都很难实现，我时常注意的一点就是，绝不能因为过度执着于正确，而否定不正确的事。正确固然很重要，但否定不正确的事是不正确的。

天气依然寒冷，最近流感猖獗，请注意身体。

我心中的“正确”其实就是“爱”。是的，所以可以把“八正道”理解为“八种爱的方式”。这种事我是绝对不好意思对别人讲的，不过在这里倒是可以畅所欲言。只是请你放心，这“八种爱的方式”我完全做不到，因为自己输给了欲望。但是，我已经非常努力了，并且已经努力了十个年头。

我认为所谓人生，就是对欲望的一种学习，然后忍耐。有关这个话题有机会我们可以聊一聊。

每天都在看你的来信，只要信一收到我马上就能知道，然后立即开始查阅。谢谢你，我很开心能像这样一点点地相互了解。来信我已珍藏好。

我们下次再聊，谢谢你让我坐在你的身旁。

小小感悟
17

○ 牢记不存在敌人、朋友之分

即便我们的身边有不好交往的人，或是对自己抱有敌意的人，他们既不是敌人也不是朋友。敌人可以成为朋友，朋友也能变成敌人。这二者对自己的学习、成长都是不可或缺的存在。不要太过介意是敌是友，重要的是在交往中把握好分寸。为此我们需要在自己心中准备几把名为“价值观”的尺子，调整好平衡关系。

○ 所谓人生，就是一个要遵守的约定

人生很短暂，学习的机会转瞬即逝。我们往往在年岁增长时和面对自己最不擅长或最大弱点的时候才能意识到这一事实。这也是回想起自己的人生应该实现的约定的时候。

18 有关欲望

疲惫不堪、茫然无措之时，想着把事情推到明天，今天可以早点睡觉，可是越是这种时候就越想说点什么。带着这种情绪，我又坐到了这里，坐到了你的身边。

把手搭在后背上我们聊聊天吧。可能我的想法不对，但还请你听一听。

今天继续上次文章的内容，让我们聊聊欲望的话题。

在生活和工作中我们会遇到各种各样的事，有时途中满是荆棘，令人有种把一切抛之脑后，想找个远远的地方蜷缩着冬眠一阵的冲动。

但当山穷水尽之时，一件令人产生微弱的幸福感，或成就感的事就能令我们怀揣着希望振奋起来，感觉自己还能保持自我极限的状态。生活或许一直就是这个样子的。

在我的理解中，所谓欲望指的就是想做某件事、想要某个东西、想成为某种人。我感觉自己生来一直每天都有自己想做的事、想要的东西，或是想成为的人。

即便是现在我也总是在琢磨自己想做什么、想要什么和想成为什么样的人。

不过想做的事、想要的东西和想成为的人都不是现在马上就能实现的，它们就像目标一样，即使无法实现也不会感到不满，只是有些不甘心罢了。

因为自己心里明白，如果没有实际行动，欲望这东西很难得到满足。我知道所谓的实际行动，并不是那么简单的事，而且这才是我们在日常生活中、工作中、人际关系中应该学习、挑战和拼尽全力去做的事。也就是挑战自己的极限。

嗯，在我看来欲望是一种原动力，是做好一件事的能量来源。所以欲望是健康的东西。

先不考虑生理上的欲望，拥有什么样的欲望是个问题，而且这个问题很重要。人和人拥有的欲望的差异，决定了眼前一下子展开不同的人生之路。

为此，我们需要相信什么、学习什么、思考什么、怎样坚持去把什么事付诸行动呢？我觉得“行动”这一步尤为重要。

是的，行动与否是关键。即使不采取任何行动，我们也能生存下去。在思考着自己应该相信什么、学习什么、什么事应该怎样做的过程中，几十年转瞬即逝。实际上，我也总是“光想不干”。

不过，我总觉得在诸多欲望之中，应该只有一个欲望会为我开辟一条道路。对大家来说也会有一个。一定还有人有两个、三个这样的欲望。

咦，抱歉，我又在不知所云了。

是啊，人生就是要把欲望化作动力，开辟一条自己的路。或许这条路又窄又漫长，但是未来一定有豁然开朗的一天。欲望是个人的问题，但是我们在思考欲望的时候，应该想到在道路的前方存在的并不是以个人为单位的点，而是更为广阔的面。

那么应该拥有什么样的欲望呢？所谓人生，或许还是一种对欲望的学习。有了欲望之后，就要看是否采取行动了。而“行动”又关乎忍耐。为了能坚持下去，需要我们在各方面忍耐。嗯——这个话题我们下次再聊吧（笑）。

其实……怎么说呢，欲望就是希望，真的是这样。

如果有人问我欲望到底是什么，我想回答，是希望。不过很有可能会被质疑（笑）。

只需问问自己，这种欲望是希望吗？如果不是希望的话，我想应该是一种欲望病。说起“欲望病”这个词，充满了人类的气息。这个话题不再深究。

欲望是希望。

很抱歉，今天的聊天还是没什么重点。感谢聆听。大家是怎么想的呢？

天气寒冷，夜晚注意保暖。小心，不要感冒。

小小感悟 18

○ 不要让欲望变为贪婪

每个人都有欲望，这是很正常的事。

“想做这件事、想变成这样的人。”

我们为了满足这些欲望而学习，通过学习得以成长。但是，需要注意的是，不要让欲望变成贪婪。人如果没有“想吃”的欲望就无法生存，但是如果肚子已经饱了还贪婪地想吃更多东西的话，就会变得臃肿肥胖，欲望也就不那么正常了。不仅仅针对食物，这句话适用于一切欲望。

○ 把欲望培育成愿望

始于欲念的期待是欲望；始于祈祷的期待是愿望。祈祷比欲念更为纯净，具备令很多人获得幸福的力量。控制好正常的欲望并培育成愿望是一种理性状态。

19 关于忍耐

天气依然寒冷。

儿时的我把手放进妈妈上衣的口袋里，和妈妈在口袋中手牵手一起走，这是几岁时的事呢？大概是五岁吧。

妈妈的手有些粗糙，可是很温暖，我很喜欢。你的手怎么这么凉呢，妈妈一边说一边为我暖起手来。和妈妈手拉手的我还有些不好意思，但是心里美滋滋的。

请允许我像往常一样坐在你的身旁。

今天来聊聊“忍耐”。总感觉一切事都需要忍耐。我总是让自己把一切事都当成学习，就连不合情理的事也当成一种学习，努力让自己去接受。不管别人说什么、用多么无礼的言辞，总之就是要忍耐，尽量不生气。

尽管也会难过、会受伤、会感到痛苦，但是我努力让自己不要生气，硬生生把怒气吞进肚子里。

在心里也不生气、不憎恶、不怀恨在心，要去谅解。今后也一直要如此。

曾经的我并不是这样的。当不愿自己被误解、想获得别人的认可，或是想让对方明白自己真心实意的时候，马上就会让自己的感情爆发出来，但其实没有一件事值得为之生气。只是图个一时痛快而已。虽说怒气发泄出来就心情舒畅了，不过我大概已经不需要这样的发泄了。

不是说大话，我已经决定不生气了。

生气，你就输了。儿时爷爷曾经这样对我说："如果不想生气的话那就笑吧。"当时不懂什么意思，现在觉得爷爷的话很对。

要说有什么需要补充的话，我的回应方式就是不服从、不受别人左右、不迎合。一切都由自己抉择，并且好好说话。我只是不把生气当成我的回应方式而已。是的，对自己唯一的要求就是不生气。

所以，我的忍耐指的就是不生气。即使有人说有时候不生气是不行的，我也不会动怒，因为这是我的信念。无论发生什么，只需沉默着一个人采取行动就可以了。而且，我也不会用恶劣的态度待人。不生气，就不怕被人乘虚而入。

即使有人屡次尝试挑战我的底线，我也不会生气。痛苦难过的时候抬头看看夜晚的星星就释怀了。觉得自己快要生气的时候就喝口水冷静一下。

没错，生气和批评是完全不同的两回事。批评孩子很有必要。生气是为了自己，而批评是为了对方。

控制自己不生气很难。即使把不生气当成自己的信念，有时也有忍不住的时候。不过，一旦决定不生气，包括自己的生存方式在内的一切都会发生变化。真的是这样。

怎么样？会不会觉得我是个怪人？也许你会说没有人可以不生气。不生气的人有什么不对吗？

抱歉，今天我好像在自说自话，感谢你每次的耐心聆听。我想大家都在忍耐各种事，人生的大部分时间都在忍耐中度过。这种忍耐会成为重要的学习经历。

当你想要生气的时候，请想一想弥太郎曾经说过这样的话。我们一起忍耐吧，从易怒者的身份中毕业。没有人因为爱生气而收获幸福。

学会不生气，自己会发生某些变化。这一点我敢肯定。所谓某些变化，指的是自己一直期盼的变化。的的确确会发生很多好事（这是个很厉害的秘密）。你可以相信我。

从明天开始一步一步地努力，是的，一步一步。我会通过"生活之基本"静静地守护着你。

还有你们的来信我都看过了，拿到手后马上就看。有时看着看着就潸然泪下。眼泪无须忍耐。我想给你们写回信。

下次我们边走边聊吧。

谢谢，晚安。

再启：一步一步地改变自己，我会守护着你，所以请放心。

谢谢大家的多封来信。读过你们的信后，我也在重新考虑忍耐的问题。

不生气的话无法把想法传达给对方，不生气的话什么都不会改变，不生气的话事情会更加严重，不生气的话……这样一想这种事有很多很多。的确，不生气会有很多后果，我也是这样认为的。

即便如此，我还是觉得不生气为好。说不清为什么，但是我总有这种感觉。

在忍耐的下一步是谅解、接纳和认可，这种感觉近似于爱，因此期盼其中能包含一些微弱的希望。你们认为呢？

话说到一半很抱歉，不过真的很感谢大家。这个问题我还需要再想一想。

最近我又读了一遍圣埃克苏佩里的《夜航》。第一次读这本书已经是二十年前的事了，我非常喜欢这本书。这次重读后我觉得圣埃克苏佩里真是个了不起的人。他教会了我什么是真正的勇气。二十年前就喜欢读一个作家的作品，至今依然觉得他了不起，这真是件令人开心的事。

啊，真好，我想让大家也看看《夜航》这本书。

如今我们可以用邮件这种方式进行交流，但是以前为了能让信件早点寄到，飞行员需要驾驶飞机在极其危险的、漆黑的夜空中飞行。《夜航》所讲述的就是这样的故事。

我觉得能一直喜欢自己曾经一度喜欢上的东西，就如奇迹一般了不起。

小小感悟 19

○ “原谅”是前行的通行证

如果纵容愤怒和隔阂在心中凝聚，它们就会像一根长绳子一样无限延伸，将自己结结实实地束缚住。如此一来，我们无法活动身体，因此哪里都去不了。如果想要继续前行，那就选择原谅吧。原谅，是前行的通行证。

○ 原谅不是为了对方，而是为自己

所谓原谅，并不意味着放弃。既不是佯装不知，也不是漠不关心。一个人通过原谅、学习、前进，才能有所成长。所以原谅一切吧。这样想来，原谅并不是为了别人，而是为自己。

○ 即使原谅，也要明确地表达出意见

所谓原谅，并不是把所有话都咽进肚子里。既然有不同的意见，就要清楚地说出来。“这样不对”“我是这么想的”——坦率地把自己的想法传达给对方很重要。

20 回归自我

有种想说“我回来了”的冲动，就像是一个远行的人一样。

不过，我很开心能像现在这样和大家聊天，因为我的心真的出了一趟远门。

笑眯眯地坐在你的身边。我们从什么开始聊起呢？让我坐在旁边稍微发一会儿呆，然后开始今天的话题。

首先，每天都收到很多有关“我的基本”的来信，我非常高兴，想对大家说一声“谢谢”。

想到些什么，就为了自己埋头记录下来。之后不管是修改还是删除都可以。总之提笔记录很重要。如此一来，记录下的话语会浅浅地铭刻在自己内心的某个地方，成为自己所见、所闻、所思、所感的感性的证据，在前行之时，还能成为确认自己没有迷失自我的线索。即使想写却没能写下来，哪怕这个念头只持续了一分钟也算是迈出了小小的一步。试着把自己心中的想法写下来，这很重要。

突然想到，这应该叫作“回归自我”，即找回一个真正的自己、独处的自己。想回归自我，找回自己真正的好恶与喜悲。

我们每天都在各种事物的影响下工作和生活。怀揣各种担心，不断地改变自己，在各种忍耐之中，不断地转换着角色，拼命地调节各方平衡，努力地让自己活得更好。可是这样会让自己逐渐失去自我，我总感觉自己像个迷路的孩子，时常会想：今天的我是什么样子？或随波逐流，或沾染污浊，抑或是变得顽固不化。

前些日子，我去了一趟位于中野区江原町的“东京儿童图书馆”。这里真是个好地方。我看着书架上满满的书和绘本，还有孩子们让大人读书给他们听的样子，觉得自己在这里能活得更加自我，一个真正的自己就存在于这里。我想起了盯着《我爸爸的小飞龙》中的地图目不转睛的自己。

我喜欢绘本，喜欢童话，对一些传说故事情有独钟，这些事我第一次写下来。这是一个和尘世保持些许距离的世界，如同一次内心之旅。这个世界虽然不现实，但是一切都值得信赖，不存在好恶，人在其中无须长大，可以永远当个孩子。自己在这种氛围中感到十分安心，内心也会变得温暖。

简而言之，对我来说，也许不想长大的孩子才是最为自我的状态。这是我的真实感受。至少在孩子们聚集的“东京儿童图书馆”里，自己回忆起了一些“自我”的感觉。

即便是这样，我也并没有逃避在这个“自我”的世界里，只不过明白了只要去那里，就能“回归自我”。不过能有回归自我的体验真的很好，因为我一直像个迷路的孩子一样，很久都没有这种踏实的感觉了。

或许这种心境，或者说是自己的状态有可能破坏内心的些许平衡感，不过我明白自己没那么强大，而且有时总觉得通过回归自我，成年人的那些所谓的正确、强大和聪慧都离自己越来越远了。

大家有何感受呢？做自己是件很有难度的事。这个周末我都在痴痴地思考这个问题。成年人偶尔也会变成迷路的孩子，这是情有可原的。

珍视童年的自己、回忆童年的自己，这对于“回归自我”能有些启发。

身为成年人，也不要忘记自己同时还是个孩子。我觉得这样的状态挺好。

自己的心门暂时关闭。

希望下次还能坐在你的身旁，希望你还能继续听我说话。下次我们边走边聊吧，我想和你成为这样的朋友。

小小感悟 20

○ 偶尔去旅行吧

在我们的日常生活中，一个人独处的时间很少。旅行，是指前往一个有别于目前所处环境的地方，一个人独处。我们可以通过旅行来正视自我，所以偶尔去旅行一次吧。

○ 旅行是为了审视自己

和家人朋友一起出门，欣赏美景，品尝美食，这并不是旅行，而是观光。观光不需要思考什么，单纯地享受，并与他人交流。但是旅行是为了审视自己。旅行在人生中很有必要。不旅行的人就没有一个人独处的经验。出门旅行，邂逅一个人的自己吧。

21 学会说“不对”

晚上好。夜已深，我讲话会小声一点。请允许我像往常一样坐在你的旁边。

夜晚，我一个人发着呆把身体埋进靠垫里。并不是要就此睡过去，仅仅只是发呆而已。

脑袋里不停地想着，那件事那样做真的好吗，自己这样的状态好不好，今后到底会怎样发展，等等。

无关乎正确与否，我一直担心的是，在我不知道的地方有没有人受伤，有没有人伤心难过。

察觉出“不对”，就要尽早说出“不对”，否则不对的事将愈演愈烈，一直朝着不对的方向发展下去。

在我上小学的时候，一位身患不治之症的朋友被一个女生取笑自己得病的事，一开始他选择了忍耐，但是面对对方非常过分的言辞，朋友气得哭了起来，还打了那个女生。因为这件事，朋友受到了对方的父母和学校老师的斥责，指责他一个男生不应该对女生施暴。

朋友没说出自己打那个女生的原因。不，他是因为自己的病所以没能说出口。

这件事我从始至终都看在眼里，总觉得这样是“不对”的。

一天夜里，我一个人来到那个女生的家中，把女生对朋友说出的话告诉了她的父母。我说应该被批评的不是我的朋友，而是他们的女儿。我至今还记得当时那个女生看我的眼神。

第二天，学校的老师把我叫出去，因为昨晚的事批评了我，问我是不是为了报复所以去了女生的家。最终，我的“不对”没能受到认可。朋友说了句“算了吧”，这件事就此结束。“不能就这样算了。”我说，但朋友没再说什么。

不过，我相信自己没看错当时女生的眼睛，眼神中带着歉意。

也许即使说了“不对”也无济于事，但是我想至少那个被人指出“不对”的人是不会忘记有人说自己“不对”的。或许心中会有些许歉意，这样就足够了。当然，我也不会忘记自己说过“不对”这件事。

你是怎么想的呢？当然，我也有“不对”的时候，这一点我很清楚。所以，指出别人“不对”之后，我的心情总是很痛苦。因为我会担心在自己不知道的地方，会不会有人受伤、会不会有人难过。

一直以来，面对自己觉得“不对”的事情我都会说出来。这时总有人说“算了吧”，我就会说“不能就这样算了”。然后我的内心就会很煎熬，担心在自己不知道的地方，会有人受伤或者难过……

我并不是因为想与别人争个高下才把“不对”说出口，也不是为了指责谁。说“不对”，往往是因为有人想要佯装自己不知道真相。我也不是感情用事才说出“不对”的。

或者是我“不对”，我也明白这一点。可是……

抱歉，说着说着好像变成了发牢骚。也许认为“不对”的我是错的，那么我是不是应该保持沉默比较好呢？你们觉得呢？我是不是不得不学会保持沉默呢？夜晚，我一个人呆呆地想的都是这样的事。

大家都是怎么想的呢？我是不是很傻？

小小感悟
21

○ 不要在受伤后选择逃离

伤害、破坏、失去，看起来非常深刻，其实都是很常见的事。人类很软弱，动不动就会犯错，所以经常会伤害到别人、破坏一些东西、失去某些人和物。重要的是不要在伤害、破坏、失去之后就置之不理，选择逃避。不是要找寻新的替代品，而是应该考虑怎样进行弥补和修复。

○ 用三倍的努力去修复

我们在自己受伤时，会大惊失色并想办法尽快处理。对待自己以外的人和物也应如此。不要去伤害别人，如果不小心伤害了就应该努力地进行弥补使伤口复原。治愈他人的伤口，需要付出三倍的努力；修补破坏的物品，需要五倍左右的努力；挽回一度失去的东西，需要十倍的努力。即便如此困难，只要坚持不懈地努力，就能成功地弥补和挽回。

○ 通过修复建立信用

逃避修复的人可以想方设法地敷衍过去。但是，在不知不觉间已经失去了社会的信用。一旦失去了社会的信用，将不再享有被给予重要事物的权利。人们把从零开始发明某种东西叫作“创造”，但其实修复也是一种“创造”。修复这件事，谁都不愿主动去做，是个不起眼又辛苦的工作。修复这项创造是人生偶尔会出现的测试题，重要的是不逃避，勇敢地接受考验。

22 令人颤抖的孤独

小时候，一天晚上我想见朋友了，就走到朋友家门前，正在犹豫要不要敲门的时候，朋友的妈妈发现了我，帮我把朋友叫了出来。

“呀——弥太郎，你怎么来了？”朋友问。“嗯，倒也没什么特别的事。”“要不要进来玩会儿？”于是，我就被邀请进朋友的家中，最后和朋友的家人一起看了会儿电视，聊了聊天就回家了。在回家的路上，我觉得特别孤独，眼泪止不住地流了下来。

那时自己明明有家，却不知为何不想回去。每晚都在商店街或者公园里闲逛，直到心满意足为止。怎么说好呢，当时的我不想面对自己和自己的家人这一现实情况。总之，对还是个孩子的我来说，现实很残酷。

在纽约遇到的小武也是孤身一人生活。他在第五大道的路边兜售自己的画作。

“总有人对孤独说三道四，其实那是因为他们都不了解什么叫真正的孤独。我害怕孤独怕到只听到孤独这个词就会全身一震。看到弥太郎的笑容我就知道，这是一张十分熟悉孤独的笑脸。当时我就在想，你这是孤身一人过了多久啊。”小武坐在连椅子都没有的廉价酒店的床上说道。这家酒店位于克林顿区，我经常投宿在此。

小武每次画好画后都会拿过来给我看。等他把画卖出去还会请我吃多纳圈。他喜欢威廉·巴勒斯，还为了模仿巴勒斯总穿着黑色的皮鞋。而且，他会像曾经的我一样，一到夜晚就在我的房间门前走来走去，等待着我能通过脚步声或者口哨声发现他。

“小武，你怎么来了？”我问道。

“嗯，倒也没什么特别的事。”他回答。

“要进来吗？还是出去走走？”

听到我这样说，小武低下了头，说道：“我想和你说说话。”

“那一会儿咱们去第九大道的多纳圈店吧？”

“好的。”小武微笑着说道。他喜欢覆盖着厚厚的白巧克力的多纳圈。

“只听到孤独这个词就会全身一震”，这句话我一生都不会忘记。

我明白孤独是作为一个人的条件，而且孤独就是这样的可怕。既然如此要如何与人接触，怎样和别人交往下去，怎样为他人着想，怎样喜欢、爱一个人，怎样生存呢？咬紧牙关，无论跌倒几次、倒下几次，也要带着希望努力站起来。

直到现在，我偶尔还会想会不会有人正站在门外，是不是有人正在等待着我开门。如果有人的话我会马上把门打开，因为我也有期待别人为我开门的时候。

大家的信我都会仔细地阅读，谢谢你们时常寄信给我。读着信就像听你们说话一样。每到夜晚就想和谁见上一面。

感谢你们今天晚上听我聊了一些过去的事情。天气眼看就暖和起来了，下次咱们边走边聊吧。在夜晚散步，请让我也听听你的故事。晚安。保重。

小小感悟 22

○ 好事连连是“坏事”

如果每天什么问题都没有，发生的都是好事，也许这样过一周左右我们的心情会很好。但是如果这种状态持续一个月甚至一年时间，那么就失去了生存的意义。因为烦恼和痛苦的存在，我们才能学习到很多东西；因为事与愿违，我们才能成长起来。当遭遇痛苦、烦恼和矛盾的时候，请选择正面面对吧。

○ 准备一些劝告自己的话

大家经常说“没有什么事是自己克服不了的”，当一整天心中无缘由地烦躁不安的时候，用这句话劝劝自己很管用。准备几句失眠或者情绪低落时劝慰自己的话语吧。既然没人对自己说，那就自己讲给自己听。

○ 在孤独的海上漂浮着很多艘“救援船”

当你持续孤军奋战，如同只身一人航行在暴风雨的夜晚，只要坚持不懈终究可以跨越艰险。或许你会觉得凭借自己的力量获得了成功，但总有一天你会发现，其实自己得到了很多人的帮助。不可思议的是，你只有在忍耐孤独之后才看得见那些“救援船”。

○ 不要变成一个“自怜”的人

一个人无论遭遇怎样的艰辛困苦、冷遇刁难，一旦成为牺牲品，一切就都结束了。“自怜”固然是一条轻松的逃避之路，但是什么都学不到，无论如何都赢不了，还会越来越孤独。

23 平衡感

晚上好。儿时的我就像是一个出门后便不回家的少年。可以说是断了线的风筝，还有个说法叫什么来着？“一去不复返者。”说着说着，请允许我悄悄地坐在你的身边。

写作这件事，就是要把晦涩的内容往简单写；把简单的内容往深奥写；把深奥的内容往有趣写；把有趣的内容往严肃写；把严肃的内容往散漫写；把散漫的内容往坦白写；把坦白的内容往谨慎写；把谨慎的内容往刺激写；把刺激的内容往克制写；把克制的内容往明白写。

我每买一个笔记本就一定会在第一页上写下这样的话语。这是作家井上厦先生把自己对工作的态度转变为文字，可以说是井上厦先生的基本。这段话是多么浅显易懂、合情合理，又是多么认真严肃、富有人情味啊。

对我来说，这段话是虽然已经喜欢了很多年，每每读起还是会觉得感动的伟大智慧之一。井上厦先生的所有作品都是以这段话为基础。这段话读过后还能振奋人心。井上厦先生在这段话中提到的是“写作这件事”。请大家务必试着替换与自己相应的词汇。

如果用一个词来形容这段话的话，你会用哪个词呢？我想大约可以用“有趣”来形容吧。

我认为，我们在工作或者生活中，比起“正确”“了不起”“漂亮”等形容词来说，“有趣”才是最为重要的。即便再有价值，无趣的事也无法吸引我。越努力去做一件事，倾注的感情越多，就会越发有趣起来。

我曾经把“因真实而有趣，因有趣而有用”这句话放大用在《生活手帖》的标题上。其实是想告诉大家，制作《生活手帖》的时候，如果不能做到“有趣”，一切就无从谈起。《生活手帖》的内容正确与否先放在一旁，做不到“有趣”是不行的。我想说的是，生活越来越有趣，所以我们应该更加用心体会生活的乐趣。大桥镇子经常这样说我：“你这个人啊，凡事体会不到乐趣就不行。”

人类总是想方设法地把事物分清黑白，或是分辨出YES和NO、好和坏，但是从心态上看，我们其实需要的是使正反两方共存的平衡感。正因为有不偏不倚的左右游离、有矛盾、有介于方形和圆形之间的三角形存在，人才会有人情味，才更加可爱。

每天我应该为了什么而努力奋斗呢？答案就在井上厦先生的那段话中。实践那段话很难，但是我会坚持按照那段话所说的去做。

小时候，读了高村光太郎的《最差也最佳的路》，眼前顿觉柳暗花明。当时的我读过诗后很快就相信，“最差”和“最佳”真的一直都是密不可分的。那时的我仿佛遭受雷击一般豁然开朗。自己是最糟糕的，不过没关系，勇于承认这一点心情也会放松许多。所以“自己是最差的，也是最佳的”，“自己是最佳的，也是最差的”，我希望能像这样相信自己、爱自己，成为一个更有趣的自己。

有很多事都让我有哭泣的冲动。不过没必要转变态度，我选择相信自己、接纳自己、爱自己，让自己变得更有趣。

今后还请你继续做我的朋友，因为我还有很多话想对你说。

夏天马上就要来了，下次我们边走边聊吧。这是夜晚散步的约定。晚安。

小小感悟
23

○ 一切的根源在“自己”

人之所以能降临人世，是因为自己有这样的愿望。“我要出生！”因为这样举起了手，所以才能作为一条生命来到这世上，而且应该还拥有出生后想要达成的目标。但是人在出生后往往就忘记了这些。好与坏、喜与悲、对与错，这一切的根源都在“自己”身上。因为自己想有更多的体验，所以会遇到各种各样的事。活着，是一件能发挥主观能动性的、很棒的事。

24 回炉

今晚我们边走边聊吧。漫无目的地、缓慢悠闲地走一走，走累了就坐下来歇歇，要是下雨了就在树下避一避雨。

突然想到了一件事：任何东西都需要回炉加热，无论什么都一定会随着时间的流逝冷却。在我看来，一直保持温热感是一件很了不起的事，这需要付出相当大的努力和拥有拼命的精神。是啊，毕竟不会冷却的东西是不存在的。

这种说法也许很奇怪，冷却是一种普遍现象。从某种意义上讲，冷却是一件自然而然发生的事，不用因此而怪罪谁。正因如此，不要放弃冷却了的事物，或为此感到遗憾，一旦发现有冷却的东西，关键在于至少应当想到回炉加热，不要忘记这种心境。

已经冷却的东西或许无法回到新鲜出炉时的温度，但只要我们努力地加热，应该可以将其暖到手可以感觉出温暖、触碰不会觉得冷的程度。

回炉加热或许是一件非常辛苦的事，不过为此付出的努力是与幸福息息相关的。我想，回炉一定能使人成长，同时也是作为一个人应该做的事，还会成为幸福的种子。

当然有时也会有想要听之任之的时候，至少不要冷却着不管，哪怕用手重新给予一点点温暖，结果也会有所不同。

新鲜出炉的东西固然美味，但回炉加热的料理在味道上也并不逊色。我认为很多事都是一样的道理。

仔细观察自己和自己身边，需要回炉的事是什么。哪怕只有一件已经冷却了的事，我也希望能找到重新温暖它的办法。

我总觉得，所谓生活，就是经常创造出一些东西，再把这些东西回炉的过程。所有事情都会马上冷却，因此每次大家要在完全冷却之前，一点一点地回炉加热。这一定是下意识的行为。

回炉加热，有时需要付出泪水。所谓珍惜，大概指的就是不断回炉加热吧。

生活中经常是新鲜出炉的热腾腾的东西和回炉加热的东西并存，也许我们会一味地受到新鲜出炉的东西的吸引，而忘记反复回炉的东西。我就时常会忘记，到现在也是如此。所以我希望能把自己和与自己有关的事物都回炉一下。大家认为如何？

我觉得幸福是一种温暖。今天想说的就是，回炉很重要，哪怕需要花费一些时间。

感谢大家的来信，读过后我觉得应该更加努力，还让我有了更多新的启迪。之所以能想起回炉这件事，也是你们的功劳。希望这些内容能对你们有所帮助。

如果明天也是个晴天那该有多好。请注意预防夏季感冒，我们下次再聊。

晚安，今夜睡个好觉。

小小感悟
24

○ 拿出勇气不倒退

一个人即使学习了很多东西，脚踏实地地成长，也很容易就会被打回原形。或放弃后选择另一条更为轻松、看似相同的路；或带着自满之心，逃避能让人成长的考验。这两种选择都会立刻让我们的人生倒退。为了避免倒退，需要我们拿出勇气。从头开始的勇气、再次加热的勇气、继续挑战的勇气。用这些勇气来避免人生倒退吧。

○ 勇气之源是"感谢"

我们不是凭借自己一人的力量成就了今天的自己。在各种人、事、物，还有缘分的帮助下，最终才有了今天的自己。只要对帮助过我们的一切事物心怀感激，就不会轻易地倒退回曾经的自己。"好不容易在大家的帮助下成长到今天，不能辜负了大家的帮助。"这样想着，就能反复地从头做起、修复弥补和重新加热了。

所谓人生，就是一个要遵守的约定。

泣きたくなったあなたへ

Original Japanese edition published by PHP Institute, Inc.
This Simplified Chinese edition published by arrangement with
PHP Institute, Inc., Tokyo in care of The English Agency (Japan) Ltd.
Tokyo through Eric Yang Agency
版权登记号：01-2018-2212

图书在版编目(CIP)数据

写给想哭的你 / (日) 松浦弥太郎著；徐萌译. --
北京：现代出版社，2018.7
ISBN 978-7-5143-7044-7

Ⅰ. ①写… Ⅱ. ①松… ②徐… Ⅲ. ①人生哲学-通
俗读物 Ⅳ. ①B821-49

中国版本图书馆CIP数据核字(2018)第107406号

写给想哭的你
作者：[日]松浦弥太郎
译者：徐萌
责任编辑：赵海燕　张霆
书籍设计：杨林青工作室
出版发行：现代出版社
通信地址：北京市安定门外安华里504号
邮政编码：100011
电话：010-64267325　64245264(兼传真)
网址：www.1980xd.com
电子邮箱：xiandai@vip.sina.com
印刷：三河市宏盛印务有限公司
开本：787mm*1092mm　1/32
印张：4.5
字数：80千
版次：2018年7月第1版　2018年7月第1次印刷
书号：ISBN 978-7-5143-7044-7
定价：39.80元